DISSERTATION SUR LES CAUSES DU RESSORT,

QUI a remporté le Prix à l'Academie Royale des Belles Lettres, Sciences & Arts, pour l'année mil sept cens vingt-un.

Par Mr. DE CROUSAZ, Professeur en Philosophie & en Mathematique dans l'Academie de Lausane.

A BORDEAUX,
Chez R. BRUN, Imprimeur de l'Academie Royale, ruë Saint James.

M. DCCXXI.

AVEC PERMISSION.

L'ACADEMIE s'est apperçüë avec plaisir que le Memoire qu'Elle a préferé est de Mr. De Crousaz. La reputation qu'il s'est acquise dans la republique des Lettres, l'excellence du Systême de Refléxions qu'il a donné au Public, le Prix qu'il vient de remporter à l'Academie des Sciences de Paris sur le principe & la nature du Mouvement, ont dû lui faire esperer ce second triomphe. Il doit en être d'autant plus flatté, que la Compagnie dont il vient d'obtenir les suffrages, ignore toûjours quels sont les Auteurs qui ont écrit jusqu'à ce qu'Elle ait porté son Jugement; & qu'ainsi le nom de l'Ouvrier n'a pû prévenir pour le merite de l'Ouvrage.

DISSERTATION SUR LES CAUSES DU RESSORT.

ON s'éloigneroit des intentions de l'Academie, si l'on s'étendoit à refuter les sentimens qu'on n'approuve pas. Aussi ne debute-je par rejetter quelques conjectures, que pour me faire un chemin à celle que je propose, qui, à la verité n'est pas tout à fait nouvelle ; mais qui paroîtra peut-être dans un nouveau jour, & qu'on trouvera établie par de nouvelles preuves.

Où il faut chercher les causes du Ressort.

Une lame d'acier ne renferme aucune partie qui sçache, quand on la ployée, qu'elle a changé de situation ; aucune qui se trouve plus mal de ce nouvel arrangement, ni qui souhaite le moins du monde de reprendre la place où elle étoit.

Que des corps, sans le sçavoir, ayent quelque inclination à s'approcher les uns des autres, qu'ils y soient portez par quelque instinct interieur, ou par quelque chose d'analogue : Qu'une espece d'ame soit le principe de ces mouvemens qu'on appelle *naturels*, & qu'elle repugne à ceux qu'on appelle *violens* ; ce sont-là des supositions dont je n'ai aucune idée : En bonne Physique on ne doit pas se les permettre ; on n'y doit point trouver de certains *je ne sçai quoi*, & des vertus *occultes*, qui ne ressemblent pas mal à celles des *Fées*.

C'est par le mouvement que je change la figure d'une lame d'acier : La peine que j'éprouve à la ployer, ne sçauroit simplement venir de ce que je fais passer une si petite quantité de matiere de l'état de repos où elle étoit, à celui d'un mouvement qui n'est ni fort grand ni fort vite : Il faut que quelque mouvement contraire s'oppose à celui que je tâche de produire. Il faut encore que quelque impulsion determine une lame ployée à se remettre dans son premier état, dés que, ne la tenant plus courbée, je cesse de m'opposer à cette impulsion, & d'en empêcher l'effet. Un corps ne sçauroit passer de l'état de repos à celui de mouvement, sans y être determiné par quelque choc.

C'est en vain qu'on pretendroit que cette lame est sans cesse determinée, par la compression qu'elle souffre à se delivrer. Ces expressions n'ont point de sens, ou elles signifient que quelque cause agit continuellement sur la lame d'une maniere propre à la ramener à sa premiere figure, & à en remettre les parties dans leur premiere situation, & que cette cause, toûjours agissante, aura son effet dés le moment qu'une action plus vigoureuse cessera de l'empêcher.

Idée de la Pression.

Je donnerai encore quelques lignes à éclaircir cette idée de *Pression*. On place un balon sur une table, & sur ce balon on met un poids. Ce poids change sa figure, & en applatit la courbure : D'abord le balon cede au poids, il s'y fait du mouvement, quelques-unes de ses parties s'approchent, & d'autres s'écartent l'une de l'autre plus qu'elles n'étoient, aprés quoi le mouvement que j'y avois apperçû s'arrête, & le balon demeure plusieurs jours dans l'état où il s'est mis presque en un moment.

Dira-t'on qu'il est en mouvement,

quand il ne change ni de figure ni de place, & que ses parties gardent constamment leur situation? S'il n'est pas en mouvement, il est donc en repos, & par consequent dans le cas des corps en repos : Il faut une cause exterieure à ses parties, qui les determine à se mouvoir, & à reprendre leur premiere situation.

Quoi! Seroit-il autant en repos que quand il s'est simplement placé sur une table, sans être couvert d'aucun poids? Il me le semble. D'où vient donc que dans l'un de ces cas il change d'état, & dans l'autre il n'en change point? Il faut que, dans l'un de ces cas, il soit disposé d'une maniere plus propre que dans l'autre, à ceder à l'impression de quelque matiere qui l'environne, ou qui le penetre. Il faut tâcher de connoître cette matiere, la maniere dont elle agit, & la maniere dont son action est reçûë.

Comment on change la figure des pores en ployant les corps.

Le deplacement des particules des fibres de mon corps, & l'action d'une certaine matiere sur elles sont accompagnées d'un sentiment penible, & suivies d'un desir de m'en tirer ; mais rien de semblable n'a lieu, & ne peut avoir lieu dans une simple partie d'étenduë.

Quand on a ployé une lame, sa concavité a moins d'étenduë que sa convexité: Il suit de-là, qu'il auroit été impossible de la ployer si elle avoit été parfaitement solide; car en ce cas il auroit fallu que les parties de la concavité se fussent penetrées.

Toute lame qui se ploye est donc composée de parties qui ont des intervales entr'elles, & ces intervales s'étressissent dans la concavité, & s'élargissent dans la convexité.

Tous les corps terrestres sont fort poreux; l'or le plus pesant de tous, l'est, puisque ses feüilles, lors qu'elles sont fort minces, ne ferment pas entierement le passage à la lumiere. L'esprit de sel le penetre, & entre avec assez de vigueur dans ses pores, pour en brisser le tissu, & pour degager ses parties de celles de l'argent, avec qui elles s'étoient intimement mêlées par la fonte. Les sinuositez des pores se voyent à l'œil, & beaucoup mieux encore quand il est aidé d'un microscope, dans les inegalitez de la surface d'un morceau d'acier qu'on vient de detacher d'un autre. La nature est ordinairement en petit ce qu'elle est en grand; les petites molecules qui échapent à nos yeux, sont sans doute elles-mêmes traversées de pores, droits dans quelques places, sinueux dans d'autres.

Une matiere fluide & trés-fine peut donc serpenter par l'interieur d'un corps, entrer par l'une des surfaces, & sortir par l'autre, à la maniere d'un ruisseau.

Cette refléxion, ou quelque pensée à peu prés semblable, a naturellement amené à concevoir un pore plus large à la convexité qu'à la concavité, sous la figure d'un entonnoir; & par consequent à donner à la matiere fluide qui prend la figure des pores qu'elle traverse la forme, & dés-là les vertus d'un coin.

Un coin, a-t'on dit, écarte les parties d'un corps où il est poussé; la matiere fluide qui a la forme, & par consequent les vertus d'un coin, poussée dans un pore, par son propre mouvement, & par celui de la matiere qui l'avoisine, & qui par ses chocs, non-seulement la chasse dans le pore; mais la determine aussi à en sortir, cette matiere écarte les parois du pore où elle entre: Or dés que les parois d'un pore retressi s'écartent, la surface concave où il étoit plus étroit s'étend, & par-là c'est une necessité que celles de la convexe se rapprochent.

L'esprit humain ne se fait pas un mediocre plaisir de decouvrir quelque jour dans une matiere qui lui avoit paru d'abord trés-obscure, il se rend avec précipitation aux premieres conjectures qui lui paroissent l'éclairer, & il en demeure là.

La comparaison tirée de la force du coin est insuffisante.

On s'étoit arrêté assez long-temps à l'hypothese que je viens de proposer : Mais M. Baile Professeur à Thoulouse, l'ayant examinée avec plus d'attention, la trouvée defectueuse.

A ce qu'il a allegué pour en démontrer l'insuffisance, on peut ajoûter que la plûpart des pores sont trop sinueux, pour donner à la matiere qui les traverse la figure & la forme d'un coin. On pourroit concevoir quelque chose d'approchant dans l'étenduë d'une épaisseur trés-mince ; mais dés qu'une masse est un peu grosse, il faut abandonner cette idée, elle ne peut convenir tout au plus qu'à quelques-unes de ses parties.

Ce n'est donc point dans la supposition d'une machine imaginaire qu'il faut chercher la cause du rétablissement des corps à Ressort : Voici quelques principes un peu differens que je vais ranger par ordre.

De quelle maniere agit le fluide interieur.

1°. Une matiere fluide traverse les pores des corps, & ce qui entre de ce fluide par une extrémité, continuant sa course, sort de la masse par l'extrémité opposée : les parties enfin qui s'échapent, & celles qui avancent, sont immediatement suivies d'autres qui leur succedent avec une égale vitesse.

2°. Les parties de cette matiere se meuvent avec une vitesse trés-grande ; Elles sont inégales en grosseur, & les plus petites ont aussi le plus de vitesse, & d'agitation.

3°. Quoi qu'elles soient trés-petites, elles ne laissent pas d'avoir une trés-grande force, parce que leur mouvement est trés vîte ; parce que, se touchant les unes les autres, elles font l'effet d'une grosse molecule en unissant leurs impulsions ; parce enfin que, se succedant immediatement les unes aux autres, l'impression d'une de leurs secousses est immediatement suivie d'une seconde qui l'augmente : Cette seconde l'est d'une troisiéme, celle-ci d'une quatriéme ; en un mot d'un prodigieux nombre d'autres secousses, & cela dans un temps trés-court.

4°. Quand elles coulent dans un canal d'égale largeur, où absolument, ou à peu

peu prés, elles n'agissent point sur ses parois avec plus de force dans un endroit que dans un autre, & elles ne font point des impressions plus vives à l'extrémité qu'à l'entrée.

5° Mais là où le passage, par où elles doivent couler est retressi, il n'en passe pas moins dans un temps déterminé, quelque court qu'il soit ce temps, qu'il n'en passe, dans le même temps, là où le canal est plus large; car il faut qu'il en sorte toûjours précisement autant qu'il en entre, & que la quantité de celles qui precedent soit égale à la quantité de celles qui suivent. Ainsi, par rapport à la quantité, qui est constamment la même, les parois d'un pore retressi & les parois d'un pore élargi reçoivent les mêmes impulsions.

6°. Mais puisque cette quantité de matiere toûjours égale, en traversant un intervale retressi, augmente sa vitesse à proportion que son passage est étroit, cette même quantité de parties toûjours poussée avec plus de vitesse, a une plus grande quantité, & par consequent une plus grande force de mouvement: Elle fait donc sur les parois du pore qu'elle traverse une impression plus vive.

7°. Cette impression produit un effet d'autant plus grand que, plus vive par elle même, elle se distribuë sur un plus petit nombre de parties.

Que les diametres de deux pores soient entr'eux comme 10. est à 3. les surfaces enfermées dans leur circuit se trouveront en raison de 100. à 9. & la vitesse dans la plus large sera 9. lors que la vitesse dans l'étroite sera 100. la quantité de mouvement dans l'une sera 900. & dans l'au- 10000. sçavoir 100 x 100. la quantité 900. se distribuëra sur la circonference du premier pore, & la quantité 10000. sur la circonference du second. Or ces circonferences sont entr'elles comme 10. à 3. de sorte qu'une force de 10000. degrez se distribuëra sur 3. lors qu'une particule des parois du grand pore, sera à l'impression faite sur une particule égale des parois du plus petit pore, comme 90. à $3333\frac{1}{3}$

On peut diviser le diametre d'un pore en tant de parties qu'on trouvera à propos. Concevons donc six parties égales dans chaque diametre de deux pores égaux : Si dans la convexité il devient plus grand de côté & d'autre d'une demie partie, & que, dans la concavité, il se retressisse d'autant, le diametre de l'ouverture de la convexité sera à celui de la concavité, comme 7. à 5. la figure premiere en presente un exemple. Mais, dans la figure 2. on voit qu'à un écart d'une partie de côté & d'autre dans la convexité, repond un étroississement de deux parties de côté & d'autre dans la concavité ; de sorte que le rapport des diametres auparavant égaux, deviendra de 8. à 2. ou de 4. à 1. & par le raisonnement que je viens de faire, la quantité de mouvement dans la convexité sera 16. & celle de la concavité sera 16 x 16. car il y passe la même quantité de matiere avec 16. fois plus de vitesse. Leur rapport sera de 16. à 1. la quantité 16 x 16. se distribuë sur 4. fois moins de parties que la quantité 16. de sorte que, de deux parties égales, dont l'une est à la convexité & l'autre appartient à la concavité, celle-ci recevra une secousse 64. fois plus grande que l'autre.

9°. La quantité de l'étenduë poreuse surpasse de beaucoup, dans l'acier, la quantité de l'étenduë solide ; car l'or, qui est fort poreux, est environ le double plus pesant que l'acier. Il se fait donc tout à la fois un nombre prodigieux d'impressions sur les parties de la concavité, & comme (le reste étant égal) plus les pores sont petits, plus ils sont en grand nombre, leur petitesse les rendant invisibles, leur nombre ne peut s'imaginer.

Voilà donc des impressions plus que suffisantes pour écarter les parois des pores de la concavité, & pour rétablir, par ce moyen, les parties d'une lame ployée, dans la situation qu'elles avoient auparavant.

Il semble même qu'elles devroient produire un plus grand effet, & l'effort que l'on fait pour ployer une lame d'acier ne semble pas aussi grand qu'il devroit être pour surmonter l'effort des mouvemens d'une matiere si vive & si active qui s'y oppose. Mais il y a diverses causes qui en diminuënt l'effet, sans pourtant le détruire.

10°. Dans le calcul qu'on vient de faire on a supposé les pores ronds, & les autres figures, quoi qu'isoperimetres, ne contiennent pas autant de matiere à proportion de leur circonference; d'où il suit que l'effort qui se fait sur les parois de la concavité ne surpasse pas avec autant d'excez celui qui se fait sur les parois de la convexité.

Il

Il le surpassera pourtant, car il ne faut pas s'imaginer qu'un pore dans la convexité s'étroississe en largeur autant qu'il s'étend en longueur, & que reciproquement un pore dans la concavité s'étend en largeur autant qu'il s'étressit en longueur, ce qui rendroit leurs ouvertures égales; car il est certain que les surfaces d'une lame ployée conservent l'étenduë de leur largeur. Quatre parties peuvent s'écarter de A en B sans que quatre autres s'écartent de A en C, & reciproquement elles peuvent s'approcher de B en A sans s'approcher de B en D. L'effort qu'on employe, en pesant sur les deux extrémitez d'une longue lame pour la deployer, va bien à étendre la longueur de sa convexité & à resserrer celle de sa concavité; mais il laisse la largeur telle qu'elle est. Les parties des corps à Ressort, qui sont des corps assez durs & assez roides, peuvent ceder à la direction avec laquelle on les tire ou on les presse; mais elles ne se deplaceront pas aisement dans un autre sens. Figure 3.

D'ailleurs quand un pore rond deviendroit ovale, ce n'est pas une necessité que, pour prendre cette nouvelle figure, ses parties s'écartent précisement dans un sens autant qu'elles s'approchent dans un autre, car il peut y avoir des ovales d'un grand nombre d'especes. Ainsi, dans la concavité, les parois s'approcheront beaucoup dans un sens & s'écarteront peu dans un autre, ce qui contribuëra à la petitesse du pore. Dans la convexité au contraire, elles s'écarteront beaucoup dans un sens & s'approcheront peu dans un autre, ce qui sera cause de la grandeur de l'ouverture.

Enfin quand cela seroit (ce qui n'est pas assurement) quand les pores de la convexité prendroient la figure qu'on voit en A, & ceux de la concavité celle qu'on voit en B, & se trouveroient par là d'égale capacité, il seroit toûjours vrai que les parties C c. seroient moins vivement frapées que les parties B b, ce qui feroit rétablir la longueur de la lame dans son état precedent, & puisque par la même raison, les parties A a recevroient une impression plus forte que les parties D d, cela encore contribueroit à la restitution de la lame dans son état precedent par rapport à la largeur.

Figure 4.

Ajoûtons que les pores, bien loin d'être tous ronds dans leur état ordinaire, ont une trés-grande varieté de figures.

Il arrive à un corps à Ressort d'une figure ronde de quitter, quand on le frappe, sa figure ronde pour en prendre une ovale : On en a expliqué les raisons, & j'en dirai quelque chose à la fin de ce discours, par où l'on comprendra aisement que les raisons pour lesquelles quelques-unes des parties d'une ouverture circulaire s'approchent les unes des autres, pendant que quelques-autres s'écartent, ne peuvent pas avoir lieu dans toute sorte de figure.

Quand les deux ouvertures d'un pore seront quadrilataires, l'une pourra s'étendre en longueur & l'autre se serrer aussi dans le même sens, pendant que la largeur demeurera la même.

Alors, suivant ce que je viens de dire, si les longueurs sont chacune de dix parties, leur rapport deviendra de 12 à 8, ou de 3 à 2.

Si elles sont de 8 parties, leur rapport deviendra de 10 à 6 ou de 5 à 3 ; si elles sont de 6, leur rapport deviendra de 8 à 4 ou de 2 à 1.

Je pose en fait que la matiere fluide entre par la plus grande ouverture & sort par la plus étroite ; c'est une verité facile à prouver. La plenitude &, quand on ne reconnoitroît pas une plenitude absoluë, la densité du fluide qui nous environne & dont les parties sont assez serrées pour produire, comme on en est assuré, de trés-grands effets, cette plenitude, ou cette densité détermine la matiere fluide à se jetter là où il se fait une ouverture. Les parois d'un pore qui s'écartent l'une à la droite, l'autre à la gauche, déterminent la matiere fluide à circuler & de la droite à la gauche & de la gauche à la droite, pour succeder incessamment à la place que ces parois quittent. Mais à l'ouverture opposée, où les parois s'approchent, elles ne déterminent pas ce qui les environne à entrer dans l'ouverture qu'elles étressissent, mais elles déterminent plûtôt la matiere fluide à faire un tour entier pour entrer par l'ouverture opposée.

Mais puisqu'un fluide qui coule dans un canal, agit sur les bords, les ronge, ou tend à les écarter, dés que son lit s'étressit & par tout où il s'étressit. La matiere fluide qui traverse le pore A B C D fait déja effort sur E & sur F pour les écarter l'une de l'autre, & par consequent elle balance l'effort qui se fait sur B & sur C, qui ne peuvent s'éloigner l'un de

Figure 5.

l'autre, sans que E & F s'approchent, à quoi le torrent E F s'oppose.

Cette remarque fait comprendre que l'effet des efforts qui se font depuis G jusques en B & depuis H jusques en C est considerablement diminué par les efforts qui se font depuis A en G & depuis D en H. Mais, pour reduire à rien, il faudroit que les sommes de ces efforts fussent égales, ce qui certainement n'est pas; car B & C sont plus vigoureusement repoussez du dedans en dehors que G & H. Les deux parties qui sont immediatement au-dessus de B & de C reçoivent aussi des impressions plus vives que les deux qui sont immediatement au-dessous de G & de H. Il en est ainsi de toutes les autres. Je suppose, comme on voit, AG - GB. Ainsi la matiere qui coule dans la partie GH BC a plus de force pour écarter GB & HC que la matiere qui coule dans la partie AGHD n'en a pour teuir dans leur écart les parties AG, DH.

Les forces de G en B croîtroient encore plus par dessus celles de A en G, si le bord AB, au lieu d'être un seul plan, étoit composé de deux plans, coudez en L, comme on voit en M figure 6. & on ne peut pas douter que des pores d'une irregularité M, ne soit en beaucoup plus grand nombre que des pores semblables à N.

Dans un pore representé en O figure 7. l'inegalité de l'Action dans la convexité & la concavité devient encore plus grande.

Quand les parois d'un pore se ployent ainsi, ce qui vrai-semblablement est fort ordinaire, il y a encore dans ces parois convexité & concavité, & la matiere qui en traverse l'épaisseur fait effort pour remettre chaque particule dans sa premiere situation, & par-là unit son effort à celui de la matiere qui traverse le pore dans toute sa longueur.

L'irregularité des pores peut quelquefois aider à la cause qui rétablit les corps à Ressort, & en augmenter l'effet : Mais elle peut aussi l'affoiblir. C'est ainsi que les petits filets dont les pores du fer peuvent être herissez, une roüille molasse qui les tapisse, des sels qui imbibent l'humidité de l'air, peuvent émousser la plus grande partie de cette action du fluide qui causeroit le Ressort, si elle se deployoit uniquement & toute entiere sur les parois des pores étressis, pour les écarter.

J'ai connu des gens qui changeoient le fer en acier avec assez de succez. Je demandai à l'un d'eux qui étoit de mes amis, & qui, sur de certains sujets, n'étoit pas mauvais Physicien, si le principal effet de son secret ne se reduisoit pas 1°. à fondre quelques parties de fer peu unies avec les autres & comme parsemées dans ses pores. 2°. à consumer & à dissiper ces heterogeneïtez qui le rendoient si susceptible de roüille, & enfin s'il ne mettoit point en œuvre quelques parties d'une nature fort roide, propres à s'unir avec le fer, à penetrer ses pores & à les rendre plus étroits. Il ne m'apprit point de quoi il se servoit, mais il m'assura que tout son secret alloit là uniquement.

Comme on enfermoit quelques quintaux de fer en barre dans des caisses de fer, l'action du feu, agissant avec une violence inégale sur cet amas, ce qui se trouvoit prés de la surface étoit autrement modifié que ce qui étoit au milieu. Aussi l'acier devenoit assez different, mais, par-là même, propre à divers usages. On remarquoit pourtant qu'il falloit considerablement plus de charbon pour le travailler, & c'est ce qui le fit negliger aux ouvriers.

Des differens degrez de Ressort.

Cette difference du fer avec l'acier me conduit à chercher les raisons pour lesquelles de certains corps ont beaucoup de Ressort, d'autres trés-peu & d'autres du tout point. Cette discussion est absolument necessaire pour justifier la conjecture que je viens d'alleguer.

On ne ploye aucun corps sans en étendre la convexité & sans en étressir la concavité & par-là il semble que la matiere qui coule dans les pores de tous les corps devroit leur donner à tous de l'élasticité.

On peut rapporter ces differences à diverses causes, qui quelquefois agissent separement & quelquefois s'unissent.

1°. Les pores peuvent être si grands que la difference de l'ouverture de la convexité à celle de la concavité n'ira pas à produire un grand effet. Des pores d'un diametre double de celui que nous avons supposé, en s'élargissant de deux parties d'un côté & s'étressissant de deux de l'autre, parviendront l'un de 12. à 14. l'autre de 10. à 8. c'est la raison de 14. à 8. ou de 7. à 4. au lieu que, si on les avoit d'abord supposé de 6. leur raison seroit devenuë de 8. à 4. plus grande que de 7. à 4. si on les suppose

pose de 24. parties, leur raison sera de 26. à 22. ou de 13. à 11. beaucoup moindre encore, & par consequent d'un effet beaucoup plus sensible.

Outre cet effet de la diminution de rapport entre les deux ouvertures de la convexité & de la concavité, on peut encore aisement comprendre que, plus un lit est spacieux, plus aussi le fluide qui coule au milieu est libre, & que, par consequent les parties de ce fluide qui sont à égale distance des deux bords, continuant plus librement leur route, unissent moins leur mouvement à celui des parties voisines des bords pour agir conjointement avec elles sur ces bords & y faire une impression commune.

Quoi que l'or soit trés-pesant, il se peut qu'il ait des pores plus ouverts qu'il n'y en a dans l'acier. On croit que les particules de sel marin, trop grosses pour entrer dans les pores de l'argent, s'insinuent dans ceux de l'or, & que les particules de nitre, qui entrent dans ceux de l'argent avec assez de violence pour les separer, passent plus librement à travers les pores de l'or.

Si l'on tombe d'accord de cette supposition, il sera fort naturel d'en conclure

(& sans cela, il est encore vrai-semblable de penser,) qu'on doit distinguer entre les pores que laissent entr'elles les molecules de l'or, & ceux qui se trouvent entre les petites parties dont ces molecules sont composées: Ceux-ci sont trés-petits, & delà vient le poids de l'or; mais les autres seront fort gros, & quand on ploye une lame d'or, ce sont les molecules qu'on écarte du côté de la convexité, & qu'on approche du côté de la concavité; mais on laisse les parties qui composent les molecules dans leur situation: Il est aisé de changer la position des unes, & il est difficile de faire quelque changement sur les autres, par la même que leur tissure est trés-serrée.

On raisonnera sur le plomb, comme je viens de faire sur l'or.

2°. L'or & le plomb sont trés-ductiles, & il est trés-aisé de faire glisser leurs parties le long les unes des autres. Il se pourroit donc que quand on ploye une lame de ces métaux, on fit passer quelques-unes des parties qui étoient dans la concavité du côté de la convexité. De cette maniere les pores s'ouvriroient du côté où ils ont accoûtumé de s'étressir, & ils se rempliroient du côté où ils ont accoûtumé de s'ouvrir ; desorte que par-là ils se maintiendroient, sinon tout-à-fait, au moins à peu prés, dans l'égalité.

Si l'on trempe un mouchoir, par exemple, & qu'aprés cela on le roule en forme de cilindre, aprés l'avoir roidi, en le tournant de la main droite en un sens, & de la gauche en un autre, & que l'on vienne à le ployer, on verra l'eau sortir en beaucoup plus grande abondance du côté de la convexité, parce que les parois des pores de la concavité, en s'approchant, expriment l'eau qui y est renfermée, & la chassent du côté où les pores s'ouvrent pour la recevoir plus aisement. Il arrive quelque chose de semblable à quelques-unes des particules qui composent les corps ductiles.

L'or & le plomb abondent en souffre, c'est-à-dire, en particules huileuses, propres à glisser elles-mêmes, & à faciliter le mouvement par lequel celles qui ne sont pas huilleuses glissent le long les unes des autres. L'or depouillé de ses parties huileuses se vitrifie. Le feu, en consumant les huiles du fer, detruit une partie des causes qui en empêchoient le Ressort : En le frapant quand il sort de la forge, on fait sortir de ses pores les particules huileuses & enflammées avec quelques-autres qui se detachent aisement, par-là même que leur tissure est moins serrée, & de plus ces mêmes corps étressissent les pores ; c'est ainsi qu'on donne au fer de l'élasticité.

L'acier, dont le Ressort est plus vif, se casse aussi plus aisement, parce qu'il est plus depouillé des particules huileuses qui servent à lier les autres, les embarassent dans leurs ramages, aussi bien que par les pointes de feu dont elles sont herissées, & font l'effet d'une colle.

En ployant le plomb & l'or successivement, tantôt dans un sens, tantôt dans un autre, on vient bien-tôt à les casser; car, 1°. On écarte des molecules qui étoient déja assez éloignées les unes des autres, & on donne lieu à l'air grossier d'entrer dans ces intervales ; aussi ne tarde-t'on pas à voir des crevasses & des sillons dans leur superficie. 2°. On derange extrémement la situation des molecules, en faisant glisser des parties, tantôt de la convexité à la concavité, & tantôt de la concavité à la convexité. 3°. En dilatant quelques-uns des pores en forme de coin, on procure à la matiere qui y coule la force, non pas d'écarter plus la

concavité

concavité que la convexité, mais d'éloigner l'une de l'autre les deux parois opposez entre lesquelles elle passe.

A ces raisons j'en pourrois joindre d'autres ; mais, pour les bien établir, il faudroit prouver divers principes concernant la dureté des corps. Cette digression grossiroit beaucoup ce discours, & les Loix de l'Academie demandent qu'on le renferme dans de certaines bornes.

3°. Il se peut que les pores de quelques corps soient tellement sinueux, tellement raboteux, tellement remplis d'inegalitez, que la matiere qui y coule se trouve par-là trop brisée, trop divisée, trop jettée de divers côtez pour agir sur l'ouverture par où elle entre & sur celle par où elle sort, sur le lit enfin qu'elle parcourt dés son entrée jusqu'au milieu de sa course & sur celui où elle coule depuis le milieu jusqu'à sa sortie. Cette matiere, dis je, reçoit dans son cours trop d'altérations pour agir sur ces differentes parties, avec les rapports qui sont necessaires pour produire les effets de l'élasticité.

4°. Cet effet sera encore beaucoup plus empêché, lorsque ce même fluide rencontrera dans son canal des particules molles, des particules qui soient en perit, ce que l'éponge est en gros, des particules mal liées, semblables à des tas de poussiere, ou à une boue un peu durcie, qui se brise aisement ; car la matiere fluide émousse une grande partie de son mouvement contre des obstacles de cette nature.

J'ai déja allegué cette cause entre celles qui s'opposent à l'élasticité du fer : Elle pourroit aussi avoir lieu à l'égard du plomb, car c'est un métal assez impur & assez heterogene & la crasse qui s'en separe à chaque fois qu'on le fond, est trés-friable.

L'homogeneité & l'étherogeneité des corps, sont des termes purement relatifs ; quand on compare deux corps, le moins heterogene reçoit le nom d'homogene par rapport aux autres. Entre les differentes parties qui composent un mixte, il s'en trouve dont les pores ont les conditions requises pour l'élasticité dans un degré plus parfait & il s'en trouve dont les pores n'y sont nullement propres par leur tissure : Il s'en trouve enfin qui sont plus ou moins élastiques en plusieurs degrez.

Quand on connoît les effets du Ressort, on en conclut ce qui doit resulter des chocs de deux corps à Ressort & en parcourant tout autant de cas qu'on trouve à propos, on donne des demonstrations aussi convaincantes & aussi necessairement liées à leurs principes que les plus exquises de la Geometrie. Mais en faisant ces demonstrations, on suppose que les corps, sur lesquels on raisonne, ont un Ressort parfait ; c'est de ce principe que depend leur exacte verité. Aussi voit-on que l'experience s'accorde plus ou moins avec la theorie de la demonstration, suivant que les corps qui se choquent ont plus ou moins de Ressort.

J'ai même constamment remarqué que tels chocs, dont les effets suivent parfaitement la regle, quand ils ne sont que mediocres, s'en écartent toûjours plus, à mesure qu'ils sont plus violens. Un choc mediocre, en même temps qu'il pousse en avant le corps qu'il rencontre, ébranle ses parties les plus propres au Ressort ; ce sont les plus lisses & les plus ployantes. Un choc plus vigoureux va jusqu'à ébranler des molecules & des particules dont les pores sont trop sinueux, trop raboteux, trop garnis de particules propres à émousser l'action de la matiere fluide, pour se rétablir avec une vigueur égale à celle qui les a ployez.

Une gaule, qu'on vient de couper & de detacher du tronc qui la portoit, a un certain degré d'élasticité : Quelques jours aprés elle en a moins : Ensuite elle en reprend.

La seve qui remplissoit une partie de ses pores, servoit à étressir le canal de la matiere fluide qui cause le Ressort : Ce suc venant à se dissiper, laisse ces pores plus ouverts. Le poids de l'air, dont l'action est continuelle, approche ensuite les parois de ces pores vuides ; aussi voit-on que cette gaule a moins de circonference. L'air affermit de plus les parties du bois dans la nouvelle situation qu'il leur a donnée ; & voilà une nouvelle disposition au Ressort.

On n'ignore plus la force prodigieuse du Ressort de l'air, il est équivalant à sa pesanteur : On a prouvé qu'il contribuë extrémement à l'action de la poudre & qu'on peut le regarder comme la cause de sa plus grande force.

La vivacité de son Ressort peut se rapporter au grand nombre de ses pores, à leur petitesse & à leur parfaite polissure. De la quantité de ses pores (à laquelle quantité l'action de la matiere qui les traverse est proportionné) vient la legereté de ses parties, qui d'ailleurs doivent être assez étenduës.

Il se peut qu'il y ait dans l'air, c'est-à-dire, dans ce vaste liquide qui nous environne, des parties qui, entrant dans les pores de l'air grossier, les étressissent, & par-là fortifient son Ressort ; outre qu'elles rendent plus solides les parties de cet air & par consequent leurs impulsions plus vigoureuses. On pourroit vraisemblablement attribuer cet effet à quelques esprits nitreux & on ne manqueroit pas d'experiences pour le prouver. Il arrive à ces esprits quelque chose de tout semblable à ce qu'on observe dans les sels acides, qu'un alkali derobe à un autre. Le vent de Nord remplit les parties de l'air d'esprits propres à en augmenter le Ressort & dés-là les parties d'air tiennent les vapeurs écartées. Le vent de Midi, au contraire, chargé de parties d'eau, chasse contre les parties de l'air des particules aqueuses, qui leur derobent leurs petits sels ; l'eau en devient plus pesante, l'air plus leger & moins rigide. Mais à l'occasion du Ressort, je ne dois pas entrer dans un systême qui m'entraîneroit encore au-delà des bornes où il faut que je me renferme.

Enfin les corps dont les parties sont peu liées entr'elles ne sont pas propres au Ressort ; car la matiere qui traverse leurs pores, quand elle trouve son passage retressi, l'ouvre, en approchant & en serrant les unes contre les autres les petites particules qui composent les parois de ces pores, qui sont & figurées & situées entr'elles d'une maniere propre à ceder aisement à une telle action. Les parois d'un pore propre aux effets du Ressort sont engagées les unes dans les autres comme celles d'un ais entier. S'il est suspendu par le milieu, comme dans la figure 8. on ne sçauroit tant soit peu pousser son extremité inferieure sans faire en même temps circuler, dans un sens opposé, la superieure. Cette remarque nous conduit à decouvrir la raison pour laquelle les Ressorts s'usent & certains corps perdent leur vertu elastique.

Fig. 8.

Comment les Ressorts s'usent.

Une laine droite se conservera constamment; mais il n'en sera pas de même d'une laine courbée, elle s'y affoiblira. Dans une lame plate la matiere fluide entre & sort avec une égale facilité; mais dans une laine ployée, les parois des pores soutiennent un plns grand ffort vers la concavité. Pour durs que soient les corps, ils s'usent avec le temps, & la matiere fluide, toutes petites que soient les parties qui la composent, néanmoins par la rapidité de leurs mouvemens & par ses secousses continuelles, détache enfin quelque petite partie, altere un peu la tissure de celles qu'elle heurte & qu'elle ébranle, & de cette maniere, en élargissant l'ouverture par où elle sort, sappe & affoiblit une des causes du Ressort.

Un Ressort qu'on tiendra toûjours bandé dans un même état, s'usera plûtôt que si on le bandoit & on le débandoit successivement; car pendant qu'il se débande, l'action de la matiere qui traverse ses pores se termine à en écarter les parois là où elle les trouve approchées, au lieu que, quand quelque puissant obstacle empêche un Ressort de se débander, la matiere qui traverse ses pores imprime aux particules des parois le mouvement qu'elle ne peut pas donner aux parois entieres, & fait naître dans les parties des tremoussemens qui en alterent la tissure & qui en disposent peu à peu quelques unes à se détacher.

Si on fait rougir dans le feu une lame

d'acier & qu'on la laisse refroidir peu à peu dans l'air, son Ressort diminuëra considerablement. L'agitation du feu a écarté ses parties les unes des autres: Quand elles se refroidissent peu à peu, la pression de l'air ne suffit pas pour les rapprocher autant qu'elles l'étoient. Outre cela les particules de feu & de fumée restent dans les pores & s'y placent irregulierement & par-là brisent l'action de la matiere qui y passe.

L'élasticité ne se perdra pas de même si l'on plonge tout d'un coup la lame rougie dans l'eau, car le poids de l'eau se joindra à celui de l'air pour rapprocher les parties de plus prés & par consequent pour serrer les pores. Les parties de feu & les petites parties metalliques, qui s'étoient fonduës, seront tout d'un coup jettées contre les parois de ces pores, contre lesquels elles s'appliqueront & s'uniront dans une tissure moins friable.

Les coups de marteau feront encore un plus grand effet, comme je l'ai déja dit en parlant du fer.

Des Ressorts courbes.

Si l'on bat une lame plate & qu'à grands coups de marteau on la courbe, elle demeurera courbée comme si elle

n'étoit

n'étoit point d'une matiere à Ressort. Ces coups de marteau forceront des particules metalliques de passer de la concavité, qui se serre en courbant la lame, vers la convexité où les pores se dilatent. Les mêmes coups de marteau affermiront les parties qui se seront nouvellement portées vers la convexité & en serreront le tissu. Les coups échauffent la lame sur laquelle ils tombent &, par le tremoussement vigoureux qu'ils causent à ces parties, les mettent en état de glisser plus aisement d'une surface à l'autre ; d'autant plus qu'il n'est pas necessaire qu'une partie traverse toute l'épaisseur de la lame ; les plus voisines de la convexité y arrivent les premieres ; celles qui les avoisinent prennent leurs places & à celles-ci succedent des troisiémes.

Les parties huileuses mises en mouvement par la chaleur, facilitent encore ce transport & cet écoulement de parties.

On comprend enfin que le feu facilite extremement cet effet, parce qu'il donne aux particules metalliques de grands ébranlemens, qu'il les écarte les unes des autres, dilate leurs pores, les rend plus ployantes & met les huiles en liberté, le long desquelles les particules metalliques coulent.

Dés qu'une lame courbée a ses pores d'égale largeur & par consequent a une plus grande quantité de matiere dans la convexité, aprés l'avoir applanie avec effort, son Ressort restituë sa courbure; car en la changeant, on avoit étressi les pores de la convexité & élargi ceux de la concavité.

Si en la ployant d'avantage, on lui donnoit une courbure plus aiguë, on on étressiroit les pores de la concavité & la matiere qui les traverse, les rétablissant dans leur premiere dilatation, rameneroit la courbure sur le pied qu'elle étot.

De la difficulté qu'on éprouve à ployer les corps à Ressort.

Plus le Ressort d'un corps est vigoureux, plus on a de peine à le ployer; car les pores de ces corps-là sont plus étroits & la surface de leurs pores est plus lisse; ils contiennent moins de parties spongieuses ou friables & l'action de la matiere qui s'oppose à la dilatation de leurs pores & qui agit sans cesse d'une maniere propre à les rétablir, est plus vigoureuse dans les corps qui ont plus de Ressort, par les raisons qu'on vient d'alleguer.

La peine de courber un corps à Ressort augmente à mesure qu'on le courbe d'avantage, parce qu'on rend toûjours plus grande la difference de la dilatation du pore où court la matiere subtile dans la convexité, par rapport à la concavité.

Comment on les casse.

Cette difference peut donc donner une telle force au cours de cette matiere, que le corps à Ressort cassera. La matiere fluide, qui heurte sans cesse les parois des pores sans pouvoir les rétablir, en ébranle les parties; il se fait des tremoussemens dans tout le corps ployez & si quelque endroit se trouve trop foible pour soutenir ces ébranlemens, les parties dont il est composé se déplacent; il s'y fait une grande ouverture; la matiere fluide y accourt & augmente, & à la fin cette ouverture devient assez grande pour admettre premierement l'air subtil & ensuite l'air grossier & dés-là la continuité est interrompuë.

Un mouvement brusque cassera un corps à Ressort; mais un mouvement lent le ployera sans le casser. Quand on le ploye brusquement, la matiere fluide entre dans ses pores avec plus de promptitude & cette vitesse augmente la vigueur de son action. D'ailleurs un mouvement fort brusque peut casser les liens, les courbures & les especes de crochets par le moyen desquels les particules & les molecules d'un corps demeurent engagées les unes dans les autres. Il peut aussi soulever les parties qui devroient glisser le long l'une de l'autre & par-là en interrompre la contiguité.

On ne sçauroit étendre cette remarque & la pousser dans quelque détail sans entrer dans la théorie de la dureté. Les matieres de Physique tiennent l'une à l'autre; mais il faut se renfermer dans les bornes prescrites. D'ailleurs cet accident est commun aux corps à Ressort avec les autres.

Je conçois pourtant qu'il faut donner quelque idée de la maniere dont les pores peuvent se dilater, sans que les molecules se separent & s'éloignent assez l'une de l'autre pour faire une rupture.

Il n'y a qu'à jetter les yeux sur la figure 9.

Qu'il y ait dans la partie A en a. une eminence, & que dans la partie B il y ait en o. une ouverture où l'eminence qui est en a. puisse s'insinuer. La partie A pourra circuler autour de la partie B. sans la quitter.

Quelque

Quelque avance d'une troiſiéme ſe trouvera engagée dans une maniere de renure d'une quatriéme. C'eſt ainſi que les parties a. b. c. d. pourront s'écarter plus qu'on ne voit. S'il y a en e. m. n. quelque choſe davantage à déterminer, les deux f. & g. formeront un anneau parfait ou imparfait en h. autour duquel elles circuleront.

Une plaque de marbre poli gliſſe horiſontalement ſur un autre auſſi polie ; ce mouvement eſt trés aiſé , mais il faut une trés-grande force pour les ſeparer l'une de l'autre par un mouvement perpendiculaire à l'horiſon , des parties peuvent de même s'écarter aiſement l'une de l'autre en un ſens , & demeurer trés-appliquées l'une contre l'autre dans un autre ſens.

On peut imaginer mille manieres & mille combinaiſons de cette nature.

On ploye plus aiſement un corps à Reſſort qui a déja ſouvent été ployé, parce que les ſurfaces qui gliſſent l'une ſur l'autre ont reçû plus de poliſſure.

Les inegalitez qui s'oppoſoient à la facilité de ces mouvemens ont été uſées. Et comme , par-là même , le cours de la matiere fluide dans les pores a été rendu plus libre, & qu'il y reçoit moins d'interruption, ces corps, aprés avoir été ployez, se rétablissent avec plus de vitesse, & par consequent avec plus de vigueur, & font de plus grands effets.

Une lame qu'on aura beaucoup courbée, mais lentement, si on leve brusquement les obstacles qui lui empêchoient de se redresser, il arrive quelquefois qu'elle se casse, par la promptitude même avec laquelle elle se rétablit. Quand une lame a été trés-courbée, elle fait un long chemin avant que de se trouver dans la situation où elle étoit d'abord : Si elle fait ce chemin fort vite, la rapidité du mouvement qu'elle aura acquis la ployera en sens contraire; cela sera suivi d'une nouvelle restitution, dont la vitesse causera une troisiéme courbure, &c. Souvent on voit ces alternatives à l'œil, & quand on tient une épée, on en sent l'effet dans les tremoussemens de sa main. Or des mouvemens si frequens & si rapides ne donnant pas le temps aux particules d'une lame de s'affermir dans aucune situation, quelques-unes des plus glissantes & d'uue tissure moins liée, se separent des autres, & laissent un intervale assez grand pour donner lieu à une solution de continuité.

J'ai déja remarqué qu'il n'y avoit pas d'homogeneité parfaite, toutes les parties d'une lame reçoivent, dans le cas dont nous parlons, un grand nombre de secousses : Là où il s'en trouve de plus foibles & de plus faciles à separer, c'est-là où se fait la rupture, sur tout si de telles parties se trouvent dans l'endroit de la lame où les pores ont été le plus dilaté, & où la courbure a été la plus aiguë ; & par consequent là où la situation des parties a reçû plus de changement.

Remarque necessaire.

Une remarque (necessaire d'ailleurs pour bien comprendre l'action de la matiere qui traverse les pores des corps à Ressort) achevera d'éclaircir ce dernier phenomene. Cette matiere, disons-nous, fait effort contre les parois du pore retressi, & les oblige à s'écarter : Or si l'on se represente trois pores, l'on verra que celui du milieu ne sçauroit se dilater sans que les deux autres s'étressissent ; de sorte que le cours de la matiere fluide devroit, ce semble, demeurer sans effet, par des obstacles reciproques que ces differens courans opposent les uns aux autres. Mais il faut remarquer que rien n'empêche la dilatation des pores qui sont à l'extremité d'un corps, & qui bordent sa circonference. Cela étant, dés que le dernier de la gauche se dilate à la gauche, le penultiéme se dilate aussi du même côté, la dilatation de l'antepenultiéme suit dans le même sens. Depuis le milieu la même chose se fait de la gauche à la droite.

C'est une verité dont on peut aisément s'assurer par l'experience, qu'un corps à Ressort étressi suivant la direction d'une certaine ligne, en se dilatant suivant cette même direction, partage l'effort de sa dilatation sur deux corps qu'il trouve sur le chemin de cette dilatation. Mais si de certaines circonstances ne lui permettent de se dilater que d'un seul côté, il se dilatera de ce côté-là seul, avec un effort égal aux deux precedens. Ainsi le grand effort tombe toûjours du côté où il y a le moins de resistance.

Une autre cause peut encore beaucoup contribuer à la rupture d'une lame, qui, aprés avoir été beaucoup courbée, se rétablit trés-promptement. Quelques particules d'air grossier (ou du moins de cet air qui soutient si haut le mercure dont les pores ont été étressis dans la machine du vuide) peuvent se glisser avec les torrens de la matiere plus subtile dans un pore fort dilaté: Si la lame se rétablit lentement, cette particule en sortira ; mais si le rétablissement se fait avec une grande promptitude, non seulement elle y restera, mais elle y sera vivement comprimée par la rapidité avec laquelle les parois du pore se rapprochent. Le Ressort de cette partie se debandera donc avec une vigueur proportionnée à sa compression, & dés que le pore commencera à reprendre une seconde dilatation, cette partie ébranlera vivement, par la vertu de son Ressort, les particules de ces parois.

Il y a des corps dont le Ressort est trés-vif, mais qui se cassent aisement, comme l'yvoire & le verre encore plus. On peut dire trés-vrai-semblablement que la polissure des parties dont ces corps sont composez contribue efficacement à leur Ressort, en ne brisant pas & en ne detruisant pas l'action de la matiere qui les traverse, comme je l'ai déja expliqué. Mais la polissure même de ses parties en rend la separation plus aisée, dés qu'on les écarte jusqu'à un certain point, & que la matiere qui traverse leurs pores les secoue & les ébranle vivement.

Si l'on casse une lame du métal composé d'étain & de cuivre, on verra que les bords de la rupture sont plus polis que ceux de l'étain & du cuivre. Ce mélange est aussi plus cassant & a plus de Ressort que l'étain & le cuivre dont il est fait. Il se peut que, dans la fonte, les petits filets d'étain & de cuivre qui en herissoient les parties, s'en detachent, & au lieu de se replacer, en se durcissant, dans la situation où ils étoient, entrent, ceux de cuivre dans les pores de l'étain, ceux de l'étain dans les pores du cuivre. De-là il arrive trois nouvelles proprietez. Les parties sont plus polies, & par consequent la masse plus cassante. Les pores sont plus petits & plus polis, & par consequent il y a plus de Ressort. Les particules sont plus prés les unes des autres, & cette nouvelle masse a plus de rigidité.

Seconde cause du Ressort.

A cette action interieure de la matiere fluide qui traverse les pores des corps à Ressort, je pense qu'il se joint une action exterieure du fluide qui les environne, laquelle concourt au même effet & en augmente la force. Je vais l'expliquer en peu de mots.

1°. Ce vaste liquide que nous appellons Air ou Athmosphere, est une masse fort heterogene & composée de parties trés-differentes en grosseur & apparemment en figure.

2°. Un petit espace composé de tous les genres de parties qui se trouvent repanduës dans le grand, & cela dans la même proportion que l'espace dont il est environné, soutient l'effort d'une masse beaucoup plus grosse.

Une sphere, par exemple, dont la superficie sera trés-mince, & qui ne contiendra qu'un pied cube d'air ordinaire, suspenduë au milieu d'une sphere qui en contiendroit cent mille, n'en sera point comprimée d'une maniere à ceder & à se reduire à un volume plus petit, parce que le pied d'air renfermé dans la petite sphere n'a pas moins de force pour comprimer chaque partie de la grande de $\frac{1}{100000}$ de mesure, en se dilatant d'une mesure entiere, que ces 100000. pieds d'air ont de force pour comprimer le pied seul d'une mesure entiere, en se dilatant chacune de $\frac{1}{100000}$.

3°. Il n'en seroit pas de même si la petite sphere n'étoit pas remplie d'un nombre proportionel de parties d'une égale force aux parties qui composent la grande, chacune à chacune.

Une vessie qu'un peu d'air aura suffi

pour enfler parfaitement dans la machine du vuide, s'affaissera dés qu'elle sera exposée à l'air ordinaire & une vessie pleine de l'air ordinaire, au cou de laquelle on auroit inseré un tuiau de quelque longueur, si on la plongeoit dans l'eau, ensorte que l'ouverture du tuiau n'eût communication qu'avec l'air, la pression de l'eau vuideroit cette vessie de l'air qu'elle contient.

4°. Je suppose un pore rempli, par exemple, de six especes de parties, & que l'Athmosphere en contienne vingt especes, dont 14. soient plus grosses par degrez que les six qui remplissent le pore: Les parties qui composent ses parois peuvent avoir de telles figures, & être tellement situées les unes par rapport aux autres, que cette pression, loin de les deplacer, les affermira dans leur situation; desorte que, pour les en tirer, il faudra surmonter l'effort de la pression dont je parle, & de-là vient encore la difficulté de faire changer de figure à un corps à ressort.

Ce sont-là des veritez qu'il m'est permis de supposer suffisamment connuës.

5°. En courbant une lame je fais entrer dans ses pores une plus grande quantité de fluide, mais je ne lui procure pas

une

une assez grande ouverture, pour y laisser entrer les plus grosses parties des 14 especes qui y manquoient.

Il est même trés-vrai-semblable que la dilatation passant de degré en degré par les plus petites differences, & le pore se remplissant sans aucune discontinuation, il n'y entre pas des parties d'espece differente à celles qui y étoient déja.

6°. Les parties du corps à Ressort n'étant plus dans une situation à être affermies & retenuës dans leur place par l'action du liquide environnant, puisqu'elles ont été tirées de la place & de la situation qui étoit suivie d'un tel effet, elles sont en état de ceder à la pression du liquide qui les environne, & de retourner par-là dans leur premiere situation.

7°. Un espace rempli d'une matiere plus subtile & plus cedante est regardé comme vuide par rapport à une matiere plus compacte & d'une pression plus forte. Voilà pourquoi nous l'appellerons ainsi pour abreger.

8°. Plus l'espace est grand, plus l'action des parties qui l'environnent est vigoureuse sur lui; car à proportion que le vuide est grand, les autres parties se trouvent plus serrées.

9°. L'action du liquide qui environne la surface du pore élargi est donc plus forte sur lui que l'action du liquide qui environne la surface du pore étressi, n'est vive sur ce même pore, & la difference de ces actions repond à la capacité des ouvertures.

10°. De plus il y a un plus grand nombre de parties qui agissent sur une circonference plus grande, qu'il n'y en a qui agissent sur une circonference plus petite.

Enfin la matiere qui remplit la capacité de la grande ouverture faisant moins d'effort pour la dilater, resiste moins, & par consequent cede davantage à l'action exterieure qui tend à la resserrer.

D'un autre côté la matiere qui remplit la plus petite ouverture, faisant plus d'effort pour la dilater, resiste davantage, & par consequent cede moins à l'action exterieure qui tend à la comprimer davantage.

Ainsi quoique l'action exterieure du liquide environnant, qui agit de la circonference vers le centre, semble contraire à l'action du liquide interieur qui agit du centre à la circonference, & qu'elle y fait un effet contraire, a de-

certains égards, elle n'en détruit pourtant point l'effet, & loin de le retarder & de l'affoiblir, on voit évidemment qu'elle y contribue & qu'elle concourt pour le faire naître.

Ajoûtons que les parties qui composent les parois de la grande ouverture ont dans une disposition qui les rend propres à reprendre la place qu'elles viennent de quitter, & par consequent à retourner de la circonference vers le centre, & à cet égard l'action du liquide exterieur se fait sur des parties disposées par leur situation à lui ceder. Mais les parties des parois, dans l'endroit où le pore est rétressi, sont ployées d'une maniere à resister à une plus grande proximité, & à cet égard elles ne sont point disposées à ceder à l'action exterieure, au contraire elles le sont d'une maniere qui les rend propres à obéïr à l'action du liquide interieur, qui les repousse du centre à la circonference.

Il est évident que comme la premiere cause que j'ai allegué & sur laquelle je me suis étendu, n'exclud point celle-ci, dont j'ai parlé en moins de mots ; cette seconde non plus n'exclud point la premiere. Il me semble même qu'on ne sçauroit s'empêcher de les admettre l'une & l'autre, avec cette difference pourtant que la premiere contribue davantage à la varieté des phenomenes du Ressort, comme je crois de l'avoir fait connoître.

Une recherche curieuse des phenomenes du Ressort; une exposition detaillée de ses effets & de leurs combinaisons; un calcul de ses forces suivant les differentes circonstances des chocs qui l'augmentent ou l'affoiblissent, pourroit être le sujet d'un assez grand ouvrage.

De l'action de la chaleur sur le Ressort.

J'ajoûterai simplement que, la chaleur, qui affoiblit le Ressort de l'acier, parce qu'elle en élargit les pores, les embarasse de parties étrangeres, en rend les parois plus ployantes & la tissure moins ferme; augmente au contraire le Ressort de l'air, parce que disposant ses parties à des mouvemens de tournoyement, elle les determine à se developer. Il se peut encore que les particules de feu, entrant dans les pores de l'air, en diminuent la capacité; il se peut aussi que, se joignant à sa substance, ils la rendent plus solide, & par consequent augmentent la vigueur de ses chocs. Il se peut enfin que les pores de l'air n'étant pas tous égaux, les parties du feu entrent librement par la grande ouverture de quelques-uns, & contribuent à donner de plus vives secousses aux parois de l'ouverture étressie.

Mais voilà encore une nouvelle preuve de la dependance où les matieres Physiques sont l'une de l'autre. La figure des parties de feu, bien determinée, repandroit un grand jour sur ce phenomene, & ce n'est pas une matiere prescrite à cette Dissertation.

Je crois devoir dire encore quelque chose sur le Ressort des corps ronds. 1°. L'impulsion que reçoit une partie, passe sur celle qui l'avoisine & avec qui elle a quelque liaison, & de celle-ci elle se repand sur d'autres.

Du Ressort des corps ronds.

2°. Un effet plus aisé se produit toûjours plûtôt qu'un plus difficile.

3°. Il ne faut pas autant d'effort pour changer tant soit peu la situation de plusieurs parties, que pour changer beaucoup la situation d'un petit nombre; car les parties des corps solides resistent tout autrement à un grand qu'à un foible changement de situation.

4°. Quand donc une boule à Ressort est frapée, le mobile qui la frape, au lieu de faire un enfoncement concave dans l'endroit qu'il frape, & d'y produire une courbure fort aiguë, fait au contraire que les parties frapées & leurs voisines s'approchent tant soit peu du côté où elles sont frapées, & s'écartent du côté opposé. Par ce moyen la courbure devient moins aiguë, & ce changement de situation & de courbure se repand à droite & à gauche.

5°. Si l'on conçoit un quart de cercle à la droite de l'endroit frapé, & un quart de cercle à la gauche, la courbure devenant plus obtuse & cessant d'être circulaire, les deux extremitez de la demi circonference, dont l'endroit frapé est le milieu, s'écarteront l'une de l'autre.

6°. Elles ne peuvent pas s'écarter sans entraîner leurs voisines; celles-ci tirent celles qui les touchent, & cette action se repandant de proche en proche, le demi cercle opposé se change aussi en une moitié d'ovale.

7°. La courbure devient plus obtuse du côté du petit diametre, & plus aiguë de l'autre. Dans le premier de ces endroits, les pores deviennent plus étroits du côté exterieur, & dans l'autre ils s'ouvrent davantage.

8°. On peut imaginer dans une boule

d'yvoire quelque chose d'analogue aux differentes spheres qui composent la tête d'un oignon, & aux parties interieures arrivent proportionnellement les mêmes alterations qu'aux exterieures.

9°. Le chemin de la matiere qui traverse les pores de la boule est retressi dans une infinité d'endroits, dans toute la capacité de la boule, & la vigueur du fluide rétablit en même temps ce grand nombre de parties dans leur premiere situation, & de-là vient la vigueur du Ressort.

Le premier changement des unes avoit entraîné celui des autres; elles concourent de même toutes ensemble au second changement.

10°. Le choc qui ploye les parties de la boule frapée, & qui en altere la situation, n'éprouve d'abord qu'une resistance legere, parce qu'il ne se fait qu'un leger changement dans la figure des pores. A mesure que l'impression du choc continuë, le pore s'étressit davantage d'un côté, & au bout d'un certain temps les causes qui s'opposent au changement de situation des parties sont plus vigoureuses que le choc qui tend à continuer ce changement. La force même de ce choc va toujours en diminuant, à proportion qu'il produit plus d'effet.

Or de deux causes, dont l'une s'affoiblit continuellement & l'autre s'augmente, il arrive que la premiere qui d'abord avoit été la plus forte, devient ensuite la plus foible & cede à son tour. A quoi il faut ajoûter que les parties n'avoient pas seulement continué à se ployer par la vertu du choc qui continuoit à s'appliquer sur elles, mais par la nature de leur propre mouvement, qui, ayant une fois commencé, avoit été determiné par-là même, à continuer, ce mouvement affoibli & reduit presque à rien par les frottemens continuels, ne fait enfin plus d'obstacle à la cause qui produit le Ressort.

I.

Sic à principiis ascendit motus, & exit paulatim ad nostros sensus.

II.

In tenui labor. At tenuis non gloria.

PROGRAME

DE L'ACADEMIE ROYALE des Belles Lettres, Sciences & Arts.

M. LE DUC DE LA FORCE, Pair de France, & Protecteur de l'Academie Royale des Belles Lettres, Sciences & Arts, propose à tous les Sçavans de l'Europe un Prix qu'il renouvelle tous les ans, & qu'il a fondé à perpetuité. C'est une Medaille d'Or de la valeur de 300. livres au moins, où sont gravées, d'un côté ses Armes, & de l'autre la Devise de l'Academie. Il sera distribué le premier jour du mois de May 1722.

Cette Compagnie, à qui M. le Protecteur laisse le choix du sujet sur lequel on doit travailler, & le droit de décider du merite des Ouvrages qui seront envoyez, avertit le Public qu'Elle destine le Prix à celui qui donnera l'hypothese la plus probable *sur la cause & la nature de la Peste*, & qui expliquera de la maniere la plus vrai-semblable ses principaux phenomenes.

L'Academie souhaite de trouver du nouveau dans les Dissertations qu'elle recevra. Il n'est pourtant pas indispensable que cette nouveauté soit dans le Systême, peut-être le vrai a-t'il été déja presenté, & n'a-t'il été méconnu que faute d'avoir été rendu évident. Mais si un Auteur adopte une hypothese déja connuë, il faut du moins qu'il en augmente la vrai-semblance par de nouvelles preuves fondées sur des raisonnemens solides, sur des experiences & sur des observations.

Dans la conference publique du premier jour du mois de May, on fait la lecture de la Piece qui a remporté le Prix. Quand elle est trop longue on n'a le temps que d'en lire des lambeaux. Cela est peu satisfaisant pour le Public & pour l'Auteur. Dans la vûë d'y remedier, on prie ceux qui se trouveront obligez par l'abondance de la matiere, de donner une grande étenduë à leurs Dissertations, d'y ajoûter separement une espece d'abregé ou d'extrait de leur Ouvrage, dont la lecture, qui ne doit durer que demie heure au plus, puisse donner une idée suffisante du Systême & des preuves. La Dissertation preferée n'en sera pas moins imprimée tout au long.

Il sera libre d'envoyer les Dissertations en François ou en Latin. Elles ne seront reçûës que jusqu'au premier jour de Janvier prochain inclusivement. Celles qui arriveront plus-tard n'entreront pas en concours. Au bas des Dissertations il y aura une Sentence, & l'Auteur, dont l'Academie veut absolument ignorer le nom jusqu'à ce qu'elle ait donné son Jugement, mettra dans un Billet separé & cacheté, la même Sentence avec son nom & son adresse.

Ceux qui enverront leurs Ouvrages, les adresseront à Messieurs de l'Academie Royale de Bordeaux, ou au Sieur Brun Imprimeur de cette Compagnie, ruë Saint Jâmes. On aura soin d'affranchir de port les pacquets, sans quoi ils ne seront pas retirez du Courrier. A Bordeaux le premier May 1721.

NAVARRE, *Secretaire perpetuel de l'Academie Royale des Belles Lettres, Sciences & Arts.*

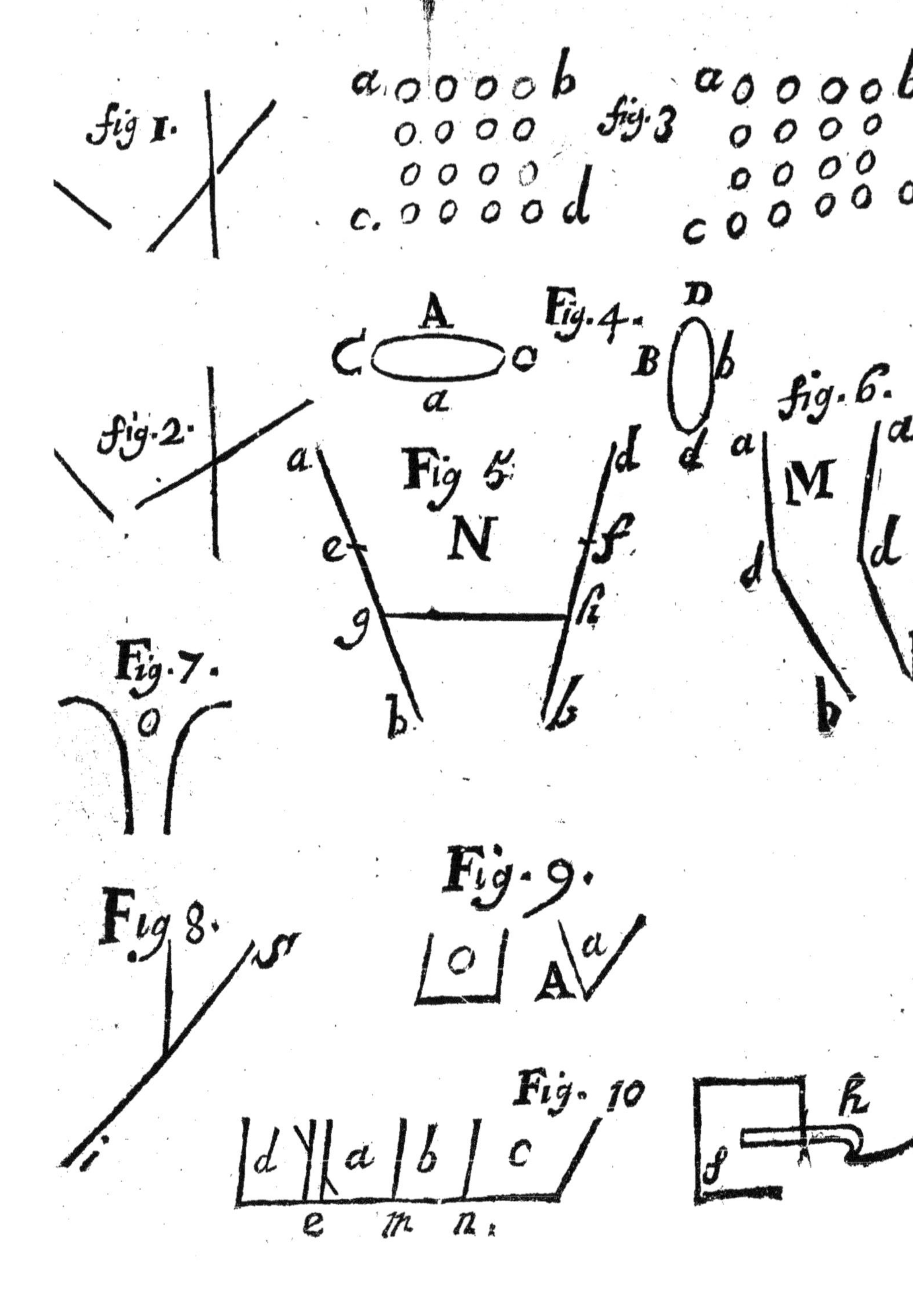
fig 1.
a b
c d
fig.3
a b
c d
fig.2.
A
C c
a
Fig.4.
D
B b
d
Fig 5.
a d
N
e f
g h
b b
fig.6.
a a
M
d d
b b
Fig.7.
o
Fig 8.
s
i
Fig.9.
o
A a
Fig. 10
d a b c
e m n.
h
g

www.ingramcontent.com/pod-product-compliance
Ingram Content Group UK Ltd.
Pitfield, Milton Keynes, MK11 3LW, UK
UKHW021137230726
13926UKWH00002B/856

9 782013 736299